BEI GRIN MACHT SICH IHR WISSEN BEZAHLT

- Wir veröffentlichen Ihre Hausarbeit, Bachelor- und Masterarbeit

- Ihr eigenes eBook und Buch - weltweit in allen wichtigen Shops

- Verdienen Sie an jedem Verkauf

Jetzt bei www.GRIN.com hochladen und kostenlos publizieren

Maximilian Stangier

Gasmotoren – Entwicklung und Geschichte sowie die exemplarische Behandlung des PKW Betriebes mit Autogas

GRIN Verlag

Bibliografische Information der Deutschen Nationalbibliothek:

Die Deutsche Bibliothek verzeichnet diese Publikation in der Deutschen Nationalbibliografie; detaillierte bibliografische Daten sind im Internet über http://dnb.d-nb.de/ abrufbar.

Impressum:

Copyright © 2008 GRIN Verlag, Open Publishing GmbH
Druck und Bindung: Books on Demand GmbH, Norderstedt Germany
ISBN: 978-3-640-82969-9

Dieses Buch bei GRIN:

http://www.grin.com/de/e-book/166612/gasmotoren-entwicklung-und-geschichte-sowie-die-exemplarische-behandlung

Gasmotoren – Entwicklung und Geschichte sowie die exemplarische Behandlung des PKW Betriebes mit Autogas

Hausarbeit

Aus dem Seminar:

„Maschinenbauliche Grundlagen an Beispielen der Motorentechnik
(ISA 00325)"

Autor:

Maximilian Stangier

2008

Inhaltsverzeichnis

1. Einleitung

„Der Gasmotor stand lange abseits, obwohl doch alle Verbrennungsmotoren ihren Anfang im Gasmotor des 19. Jahrhunderts haben" (Zacharias 2001, S.15). Es sind steigende Energiepreise und die immer finsterer werdenden Prognosen über die Verfügbarkeit von Rohöl als Ausgangsprodukt für Primärenergielieferanten, welche die Forschung und Entwicklung von alternativen Energieträgern immer stärker begünstigen. Gasmotoren arbeiten mit diesen Energieträgern und wurden schon immer, auch in Zeiten von redundanter Verfügbarkeit von Kraftstoffen, genutzt um dann meist energetisch schwache Gase wie z.B. aus Abfällen zu verwerten um Strom und Nutzwärme zu erzeugen. Nun ist mittlerweile aber nicht mehr nur die Anlagentechnik zur Verwertung und Entsorgung von Problemgasen interessant, sondern steigende Energiepreise machen die Nutzung von Gasmotoren in sämtlichen Bereichen der Energieerzeugung generell wichtig. Gerade im Bereich der Personenkraftwagen ist durch die Umstellung auf den Betrieb mit Flüssiggas eine Einsparung sowohl von Betriebskosten als auch von Emissionen möglich. In der Debatte zur Schonung der Umwelt und Reduktion der Abgase wird die Verwendung von Gasen als Energieträger viel diskutiert. Durch der Forschung neuste Entwicklungen der letzten Jahre kennzeichnen den Gasmotor heute ein hoher Wirkungsgrad, sauberere Abgase als bei anderen vergleichbaren Brennstoffen sowie günstigere Preise und niedrigere Betriebskosten (vgl. Zacharias 2001, S.15f).

Da nun der Gasmotor eine Kolbenverbrennungskraftmaschine ist und daher dem Benzin-Ottomotor und dem Dieselmotor ähnlich ist, wobei der Gasmotor eben mit Gasen oder Gas - Treibstoffmischungen betrieben wird, betrachtet diese Arbeit zunächst die Entwicklung des Kolbenmotors. Ein Anspruch auf Vollständigkeit kann, angesichts der Fülle von Patenten und Erfindungen welche im Zusammenhang mit der Geschichte der Motoren stehen, nicht erhoben werden. Hier soll das Hauptaugenmerk auf der Entwicklung des Ottomotors liegen.

Nach einer historischen Betrachtung der Entwicklung des Ottomotors bzw. des Gasmotors soll, in der Moderne angekommen, der Schwerpunkt bei der Betrachtung von Gas als Kraftstoff und somit der kommerziell breiteren Nutzung von Gasmotoren, hier im Betrieb von Personenkraftwagen, liegen. Es sollen Funktionsweise, die Möglichkeiten von Aus- und Umrüstung eines PKW zum Autogasbetrieb sowie technische, ökonomische und ökologische Details angerissen werden. Im Mittelpunkt soll hier die so genannte LPG-Autogasanlage stehen, welche den Bivalenten (im Gegensatz zum Monovalenten, also ausschließlich mit Gas betriebenen Motor) Betrieb repräsentiert.

2. Anfänge und Entwicklung des Kolbenmotors

Der Gasmotor ist in der Regel ein Verbrennungsmotor welcher nach dem Otto Prozess funktionierende Abläufe zur Energieumwandlung nutzt, eine so genannte Brennkraftmaschine. Diese unterscheidet man in Kraftmaschinen mit äußerer Verbrennung, also solche bei denen eine Verbrennung außerhalb eines Zylinders stattfindet, sowie Kraftmaschinen mit innerer Verbrennung. Gasmotoren sind Kraftmaschinen mit innerer Verbrennung. Bei der inneren Verbrennung findet eine chemische Umwandlung eines Energieträgers im inneren der Maschine statt, wo ebenfalls die Abnahme von mechanischer Energie stattfindet. Dies geschieht durch die Nutzung eins Kolben-Zylinder-Systems wobei der Zylinder mit Luft gefüllt wird, welchem am oberen oder am unteren Ende des Hubes Kraftstoff beigemischt wird. Die Verbrennung dieses Gemisches ergibt dann eine Erhöhung der Temperatur der arbeitenden Gase und damit eine Drucksteigerung, welche durch den Dehnungshub an den Kolben abgegeben wird und darüber in mechanische Energie gewandelt wird (vgl. Löhner 1963, S.5). Um sich dem Thema zu nähern soll nun zunächst eine Betrachtung der Geschichte des Gasmotors mit dem Anfang der Entwicklung von Kolben-Verbrennungskraftmaschinen beginnen.

Im Jahre 1673 entwickelte Christian Huygens[1] seine Kolben-Verbrennungskraftmaschine, welche mit durch Verbrennung gewonnener Kraft, mittels eines Kolbens, Wärme in mechanische Arbeit umwandelte. Im Ruhezustand befand sich der Kolben am oberen Ende eines Zylinders, häufig ein Kanonenrohr, welches mit Öffnungen kurz unterhalb des Kolbens versehen war, sowie einer Pulverladung am unteren Ende des Zylinders. Der Kolben war mittels Umlenkungen und Seilen an die zu bewegende Last gebunden. Wurde nun das Pulver gezündet, trieben die heißen Verbrennungsgase aus den Öffnungen heraus und der bei der anschließenden Abkühlung entstehende Unterdruck im Rohr setzte den Kolben in Bewegung, welcher seinerseits die Last anhob (vgl.

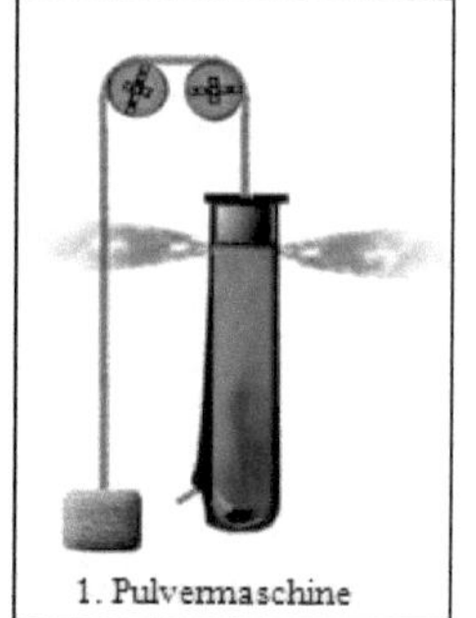

1. Pulvermaschine

Zacharias 2001, S.21). Dieses grundlegende Prinzip der Verbrennung im Kolben wurde vielfach aufgegriffen und immer wieder verfeinert und verbessert um dann irgendwann in einer kontinuierlich, zyklisch funktionierenden Maschine mechanische Arbeit zu erzeugen. Als bedeutendste Weiterentwicklung wird der Motor von Jean Joseph Lenoir[2] gehandelt. Er

---

[1] **Christiaan Huygens** (* 14. April 1629 in Den Haag; † 8. Juli 1695 ebenda), auch **Christianus Hugenius**, war ein niederländischer Astronom, Mathematiker und Physiker. Entwickelte auch Wellentheorie des Lichts (vgl. Microsoft Encarta Enzyklopädie 2005, Huygens)
[2] **Jean Joseph Étienne Lenoir** (* 12. Januar 1822 in Mussy-la-Ville, Luxemburg, seit 1839 Belgien; † 7. August 1900 bei Paris, Frankreich) war Motorenbauer und Mechaniker (vgl. Microsoft Encarta Enzyklopädie 2005, Lenoir).

baute einen Gasmotor, der einer liegenden Dampfmaschine ähnelte. So saugt der Motor während der ersten Hälfte des Kolbenweges ein Gas-Luftgemisch an. Dieses wird dann elektrisch, mithilfe eines Funkeninduktors, gezündet und treibt auf dem restlichen Weg den Kolben an, was wiederum genützt wird um Arbeit zu leisten. Beim Rückweg werden die Verbrennungsgase durch den vorwärts fahrenden Kolben ausgeschoben, während sich auf der anderen Kolbenseite der Ansaug- und Arbeitsvorgang wiederholt. Lenoirs Motor, der 1860 patentiert wurde, kam in mehreren Exemplaren in der Praxis zum Einsatz. Es war die Suche kleinerer Betriebe nach einer Kraftmaschine, welche die viele Handarbeit erleichtern sollte, welche den Verkauf der Lenoir Maschine begünstige. In Bezug auf ihre Bedürfnisse glich dieser Motor viele, der bis zu diesem Zeitpunkt erfahrenen Unzulänglichkeiten der Dampfmaschine aus, auch wenn schlechte Füllung, langsame Verbrennung, starkes Nachbrennen und geringe Dehnung letztlich einen schlechten Wirkungsgrad von 3% - 4% ergaben[3]. Die Erkenntnisse, welche mit dieser Maschine gewonnen wurden und das wirtschaftliche Interesse trieben die Weiterentwicklung von Brennkraftmaschinen immer stärker an.

Der Lenoir Motor war eine bahnbrechende Erfindung wegen seines zyklischen Funktionsprinzips welches eine kontinuierliche Kraftabgabe leistete. Er wurde entsprechend viel verbaut und inspirierte letztlich auch Nikolaus August Otto[4] zum Bau seines „Viertaktmotors mit Verdichtung" (vgl. Zacharias 2001, S.21f).

3. Die ersten Kolbenkraftmaschinen

Nikolaus August Otto entwickelte mit dem Viertaktmotor eine Maschine, die für den Einsatz in den ersten Automobilen Ende des 19. Jahrhunderts geeignet war. Dieser breite Einsatz machte den Ottomotor weltberühmt und noch heute funktionieren moderne Motoren nach dem von Otto 1861 gefundenen Viertaktprinzip. Der Entwicklung des ersten Viertakters ging die Konstruktion des Ottoschen Flugkolbenmotors voraus. Es war ein Zufall, der den ersten

---

[3] **Wirkungsgrad** – Der Wirkungsgrad eines Motors oder einer Maschine beschreibt die Ausnutzung der zugeführten, im Kraftstoff gespeicherten Energie, wobei im Allgemeinen der Nutzen die Motorleistung und der betriebene Aufwand die zugeführte chemische Energie ist. Dabei wird prozentual wiedergegeben wie vollständig die chemische Energie in Nutzenergie umgewandelt wird. Je nach Betrachtungsweise werden unterschiedliche Wirkungsgrade unterschieden (vgl. van Basshuysen/ Schäfer 2004, S.1022).
[4] **Nicolaus August Otto** (* 10. Juni 1832 in Holzhausen an der Haide/Taunus; † 26. Januar 1891 in Köln) war ein Autodidakt, gelernter Kaufmann, Maschinenbauer und Unternehmer (vgl. Microsoft Encarta Enzyklopädie 2005, Otto).

Erfolg brachte: Beim Experimentieren entdeckt Otto erstmals die Wirksamkeit des atmosphärischen Prinzips. Es beruht auf dem Druckunterschied zwischen einem erzeugten Unterdruck und dem atmosphärischen Außendruck, der auf jeden Körper wirkt. In Kombination mit der in einem Zylinder erfolgten Zündexplosion lassen diese Kräfte eine nutzbare Leistung entstehen. Mit dieser Entdeckung entstehen die ersten Planungen zur atmosphärischen Gaskraftmaschine 1863. Der Flugkolbenmotor, der „Urgroßvater" der modernen Motoren, wurde stehend konstruiert. Er besitzt einen oben offenen Zylinder in welchem sich ein Kolben an einer Zahnstange befindet, welche wiederum auf einem Zahnrad arbeitet. Dieses Zahnrad sitzt mit Freilauf nach oben auf einer Schwungradwelle welche zugleich einen Schieber zur Steuerung des Motors antreibt. Die Arbeitsweise dieses Motors sieht nun aus wie folgt: Zunächst wird der Kolben auf 1/12 des Hubes gehoben um Gemisch anzusaugen. Es erfolgt die Zündung, welche den Kolben, durch die Entzündung des Gemisches und dem Ansteigen des Druckes, nach oben schleudert. Hierbei expandiert das Gemisch und es kommt zu starkem Abfallen des Druckes im Zylinder unter dem Einfluss

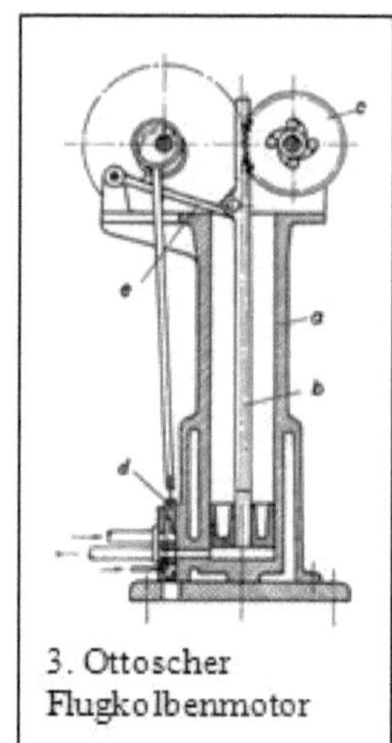

3. Ottoscher Flugkolbenmotor

von atmosphärischem Druck. Nachdem nun die kinetische Energie des Kolbens vollständig in potentielle Energie umgewandelt ist erfolgt das Abwärtssinken des Kolbens. Hierbei kuppelt das Zahnrad mit der Schwungradwelle und gibt die potentielle Energie des Kolbens an das Schwungrad ab. Der Druck gleicht sich aus und durch ein weiteres Abfallen des Kolbens werden gleichzeitig die Abgase ausgeschoben. Mit dem erhalten gebliebenen Schwung des Schwungrades beginnt das Arbeitsspiel dann von vorn. Der Motor erreicht eine Leistung von ungefähr 2,24kW (vgl. Oehler 1965, S.13). Trotz langsamer Verbrennung ließen sich Wirkungsgrade von bis über 10% erzielen, was einen beachtlichen Fortschritt zum Lenoir Motor darstellte.

Aufgrund des hohen Gewichtes dieses Flugkolbenmotors und der nur geringen Leistung gingen die Verkaufszahlen trotzdem schon nach kurzer Zeit zurück. So entwickelte Otto dann zusammen mit Carl Eugen Langen[5] in der von den beiden gegründeten Deutz Motorenfabrik 1876 das Viertaktverfahren, dessen Prinzip Otto schon 1862 im Kopf hatte (vgl. Löhner 1963, S.7). Der von ihnen entwickelte Motor, mit Verdichtung des angesaugten Gemisches im Arbeitszylinder, bildet den entscheidenden Schritt für die Entwicklung der modernen

---

[5] **Carl Eugen Langen** (* 9. Oktober 1833 in Köln; † 2. Oktober 1895 bei Elsdorf (Rheinland)) war ein deutscher Unternehmer, Ingenieur und Erfinder (vgl. Microsoft Encarta Enzyklopädie 2005, Langen).

Brennkraftmaschine. Mit Blick auf das Thema dieser Arbeit sei an dieser Stelle erwähnt das die ersten Maschinen mit Leuchtgas betrieben wurden.

4. Der Otto Motor

Der Ladungswechsel des atmosphärischen Motors ist schon ein Vorläufer des klassischen 4 Takt Zyklus der späteren Otto Motoren. Komplett nach dem Prinzip Ansaugen, Verdichten, Verbrennen + Ausdehnen und Ausschieben jeweils mit einer Kolbenbewegung über den ganzen Hub für jeden Takt baute er im Jahr 1876 seinen ersten, voll funktionierenden Gasmotor. Im Folgenden werden die vier Takte schematisch am Beispiel eines modernen Motors mit Saugrohreinpritzung und getrennter Ein- und Auslassnockenwelle dargestellt. Dies ist das Prinzip wie es von Otto entwickelt wurde.

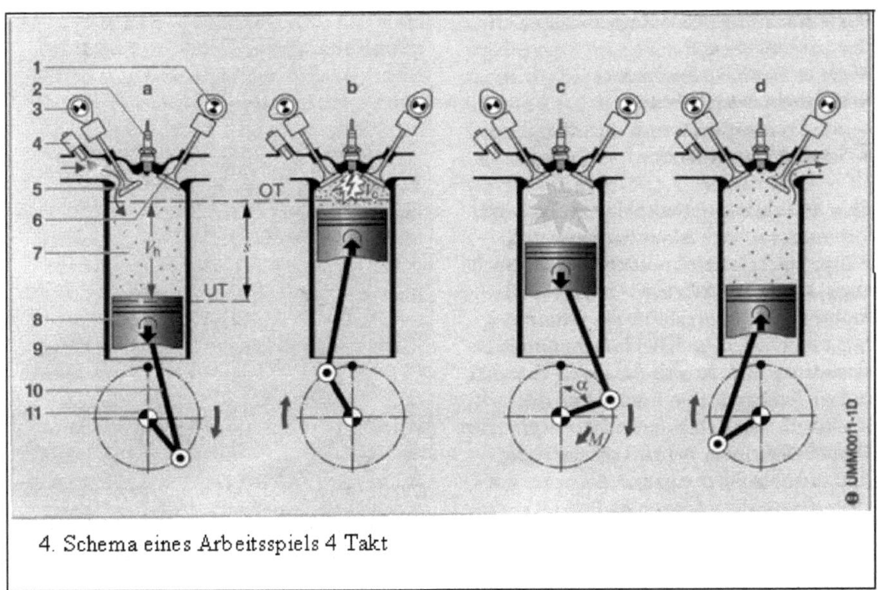

4. Schema eines Arbeitsspiels 4 Takt

Beim Viertaktverfahren steuern Ventile den Gaswechsel. Sie öffnen und schließen, angetrieben von einer sich gleichförmig bewegenden Nockenwelle angetrieben, den Zylinder und ermöglichen den Ladungswechsel, also die Zufuhr von Frischgas und das Ausstoßen der Abgase. Im 1. Takt, dem Ansaugtakt, bewegt sich der Kolben abwärts und vergrößert, bei gleichzeitigem einsaugen des Luft-Kraftstoffgemisches, den Brennraum. Der Kolben bewegt sich zwischen Oberen Totpunkt (OT) und unterem Totpunkt (UT). Im 2. Takt, dem Verdichtungstakt, werden die Ventile geschlossen und der aufwärts gehende Kolben verkleinert das Brennraumvolumen bis der Kolben kurz vor dem oberen Totpunkt angelangt ist. Hierbei wird das Gemisch aus Kraftstoff und Luft verdichtet. Im 3. Takt, dem Arbeitstakt, entzündet die Zündkerze zu einem vorgegebenen Zündzeitpunkt das Gemisch. Noch bevor die vollständige Entflammung eingesetzt hat überschreitet der Kolben den oberen Totpunkt. Durch die frei werdende Verbrennungswärme steigt der Druck im Zylinder und der Kolben wird nach unten getrieben. Im 4.Takt, dem Ausstoßtakt, öffnet das Auslassventil bereits kurz vor dem unteren Totpunkt und die heißen, unter hohem Druck stehenden Gase strömen aus dem Zylinder. Der aufwärts gehende Kolben stößt die restlichen Rückstände aus und nach jeweils zwei Kurbelwellenumdrehungen setzt mit dem Ansaugtakt ein neues Arbeitsspiel ein (vgl. Bosch 2003, S.16f). Eine Betrachtung der Entwicklung der verschiedenen Zündvorrichtungen sowie des Zweitaktverfahrens soll an dieser Stelle nicht erfolgen.

Der Ablauf des motorischen Arbeitsprozesses wird im p-V- Diagramm noch einmal deutlich. Das p – V- Diagramm, oder auch Arbeitsdiagramm veranschaulicht die Druck- und Volumenverhältnisse während eines Arbeitsspiels. In diesem Fall sind zwei Kurven in dem Schema verzeichnet. Kurve A zeigt den Verdichtungs- und Arbeitstakt eines idealen Prozesses nach Boyle/Mariotte[6] und Gay-Lussac[7]. Der Kolben bewegt sich vom unteren Totpunkt zum oberen Totpunkt, hier von 1 zu 2, das Gemisch wird ohne Wärmezufuhr verdichtet. Nach der Zündung setzt ein Druckanstieg bei konstantem Volumen ein, hier von Punkt 2 zu 3. Vom obersten Totpunkt bewegt

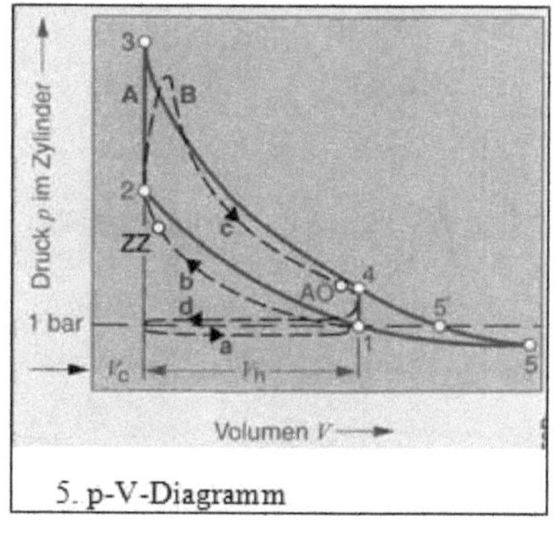

5. p-V-Diagramm

sich der Kolben dann wieder abwärts und vergrößert somit den Brennraum und damit das Brennraumvolumen. Hier von Punkt 3 zu 4 dargestellt. Der Druck des verbrannten Gases nimmt mit der Abkühlung bei konstantem Volumen dann ab, bis der Ausgangspunkt 1 wieder erreicht ist. Die von den Punkten 1 bis 4 eingeschlossene Fläche repräsentiert nun die gewonnene Arbeit während eines Arbeitsspiels. Nun ist dieses mit Punkt 4 nicht abgeschlossen. Hier öffnet das Auslassventil und das noch unter erhöhtem Druck stehende Gas strömt aus dem Zylinder. Wäre das Gas in der Lage sich bis unter den Atmosphärischen Druck zu entspannen, hier Punkt 5, so wäre die Fläche 1–4–5 ebenfalls nutzbare Energie. Mithilfe eines Abgasturboladers kann zumindest ein Teil dieser Arbeit realisiert werden. Über

---

[6] Das **Gesetz von Boyle-Mariotte**, sagt aus, dass der Druck idealer Gase bei gleich bleibender Temperatur und gleichbleibender Stoffmenge umgekehrt proportional zum Volumen ist. Erhöht man den Druck auf ein Gaspaket, wird durch den erhöhten Druck das Volumen verkleinert. Verringert man den Druck, so dehnt es sich aus (vgl. Chimie Générale - Campus Virtuel Suisse, 2.2.3).
[7] Das **Gay-Lussacsches Gesetz** besagt, dass das Volumen idealer Gase bei gleich bleibendem Druck und gleichbleibender Stoffmenge direkt proportional zur Temperatur ist. Wenn man in einem geschlossenen Behälter die Temperatur (in Kelvin) verdoppelt, verdoppelt sich der Druck (vgl. Chimie Générale - Campus Virtuel Suisse, 2.2.1).

die wiederZuführung von Energie (beispielsweise durch einen Abgasturbolader) kann der, über der atmosphärischen Linie (1 bar) liegende Teil noch teilweise genutzt werden, hier durch die Fläche 1-4-5' gekennzeichnet. Da die Rahmenbedingungen für den Betrieb eines Motors nun aber nie die Realisierung des idealen Gleichraumprozesses zulässt, unterscheidet sich das tatsächliche p-V-Diagramm vom idealen p-V-Diagramm, hier als gestrichelte Kurve B dargestellt. Der Ablauf ist: a- Ansaugen, b- verdichten, c- arbeiten, d- ausstoßen, wobei ZZ den Zündzeitpunkt und AÖ den Moment der Auslassöffnung markiert (vgl. Bosch 2003, S.24f).

5. Motorkenngrößen

Nach der Vorstellung des p-V-Diagramms sollen an dieser Stelle noch zwei weitere Begrifflichkeiten bzw. Kenngrößen genannt werden, welche zum Verständnis der Beschreibung des Otto-Prozesses, gerade in einschlägiger Literatur, wichtig sind. Zum einen die Verdichtung und damit das Verdichtungsverhältnis und zum anderen das Luft- Kraftstoff-Verhältnis λ.[8]

5.1 Luft – Kraftstoff- Verhältnis λ

Für eine vollständige Verbrennung des Luft-Kraftstoff- Gemisches muss sich die vorhandene Luft im stöchiometrischen Verhältnis[9] zum Treibstoff befinden. Um dieses Verhältnis zu erreichen wird in der Literatur für normalen Kraftstoff ein Verhältnis von 14,7kg Luft zu 1kg Kraftstoff als Normwert angegeben. Der Wert λ gibt nun an wieweit das tatsächliche Luft-Kraftstoff- Gemisch vom theoretischen Luftbedarf abweicht, welcher für eine optimale Verbrennung vonnöten wäre. Somit ist λ = zugeführte Luftmasse / theoretischen Luftbedarf wobei der theoretische Luftbedarf für verschiedenen Kraftstoffen variiert. Im stöchiometrischen Betrieb ist der Wert für λ = 1,0, bei einer Anreicherung des Gemisches mit Kraftstoff verkleinert sich der Wert, bei einer Abmagerung liegt Luft im Überschuss vor und der Wert für λ vergrößert sich. Ab einer bestimmen Grenze, in beide Richtungen, ist das Gemisch dann nicht mehr zündfähig (vgl. Bosch 2003, S.18).

---

[8] Die Beschreibung dieser Kenngrößen nimmt in dieser Arbeit bewusst nur relativ wenig Raum ein und stellt somit durch ihre Auswahl und damit die bewusste Vernachlässigung von anderen Bereichen der dezidierten Motorbeschreibenden Kenngrößen die Dokumentation des Laienverständnisses von Motorprozessen dar. Auf Kennfeldberechnung wird an späterer Stelle noch kurz eingegangen werden.
[9] Stöchiometrie – Lehre von der mengenmäßigen Zusammensetzung chemischer Verbindungen und der an einer Reaktion beteiligten Reaktionspartner und ihrer mathematischen Darstellung (vgl. Microsoft Encarta Enzyklopädie 2005, Wörterbuch).

5.2 Verdichtung

Die Verdichtung des Motors hat entscheidenden Einfluss auf das erzeugte Drehmoment, die abgegebene Leistung, den Kraftstoffverbrauch sowie Schadstoffemissionen. Dazu kommt, dass je nach Verdichtungsgrad nur gewisse Kraftstoffe verwendet werden können, da es bei zu hoher Verdichtung zu einer unkontrollierten Selbstentzündung des Kraftstoff- Luft-Gemisches kommt. Dies ist bekannt als das für den Motor schädliche Klopfen. Das Verdichtungsverhältnis ε errechnet sich aus dem Hubvolumen V_h und dem Kompressionsvolumen V_c (siehe Abbildung 4). Somit ist $E = (V_h + V_c) / V_c$. Je nach Bauart und Einspritzart erreichen Ottomotoren Verdichtungsverhältnisse von $\varepsilon = 7 - 13$ und Dieselmotoren $\varepsilon = 14 - 24$ (vgl. Bosch 2003, S.18).

6. Der Betriebsstoff Gas im Auto

Wir halten also fest, dass der Gasmotor eine meistens nach dem Hubkolbenprinzip funktionierende Wärmekraftmaschine[10] ist. Vom „gewöhnlichen" Motor unterscheidet sich der Gasmotor durch die verwendeten Kraft- oder Betriebsstoffe. Der Ottomotor als solcher kann mit gasförmigen und in der Regel auch mit flüssigen Kraftstoffen betrieben werden. In prinzipiell ähnlichen Motorentypen wurden auch feste Kraftstoffe bereits verwendet. Zum einen in Staubform im Pawlikowskischen Kohlenstaubmotor, der jedoch nie Serienmäßig verwendet wurde, und zum anderen durch Vergasergeneratoren, wie beispielsweise beim Holzgasgenerator, welcher dann letztlich den Motor auch mit einem Gas betreibt (vgl. Oehler 1965, S.49).

Die ersten marktfähigen Verbrennungsmotoren wurden allerdings fast ausschließlich mit Gas befeuert. Der Vergaser war noch nicht bekannt und ohne einen Vergaser musste ein Brennstoff genutzt werden, welcher sich leicht und zyklisch/ kontinuierlich in den Zylinder einfüllen und verbrennen lies. Hierzu wurden verschiedene Gase genutzt, hauptsächlich weil diese leicht zu kontrollieren waren und gezielt und dosiert in die Kolben eingeleitet werden konnten (vgl. Zacharias 2001, S. 21ff). Die auf diese weise arbeitenden Gasmotoren wurden schließlich um die Jahrhundertwende, 19. zum 20. Jahrhundert, von Elektromotoren und Verbrennungsmotoren für flüssige Brennstoffe verdrängt. Gründe hierfür waren die leichtere Erzeugung und Speicherung der Primärenergie sowie deren Nutzung in Verbindung mit einem Vergaser. Benzin und Diesel, als Beispiel, konnten unter wesentlich einfacheren Bedingungen transportiert und verwendet werden und eigneten sich damit wesentlich besser

---

[10] Auch Motoren nach dem Wankelprinzip werden als Gasmotoren konstruiert sowie Anlagen mit Kraft-Wärme-Kopplung wie z.B. Blockheizkraftwerke zur energetischen Nutzung von Schwachgasen, hierauf soll in dieser Arbeit aber nicht weiter eingegangen werden

für die Nutzung im Kraftfahrzeugbetrieb. Durch ihre Eigenschaften konnten Gase nur bedingt als konkurrenzfähig betrachtet werden.

Unter den gasförmigen Treibstoffen, welche nun für den Betrieb von Motoren zur Verwendung kommen, werden zwei Gruppen unterschieden. Zum einen solche die auch bei hohen Drücken und normalen Temperaturen, nicht verflüssigbar sind und zum anderen solche die bis etwa 20 bar zu verflüssigen sind. Ältere Unterteilungen sprechen von Hochdruck- und Flüssiggasen. Zu den Hochdruckgasen gehören nach einer solchen Einteilung Stadt- und Ferngas, Methan (Klärgas und Motorenmethan) und zu den Flüssiggasen Propan und Butan sowie chemisch verwandte Gase (vgl. Spausta 1953, S. 321). An dieser Stelle sollen die Flüssiggase Beachtung finden, da sie im Fahrzeugbetrieb schon sehr früh Verwendung fanden.

Da die Entwicklung der Motoren immer an den gewerblichen Betrieb gekoppelt war, ist die Betrachtung des Gasmotors gebunden an die Erfordernisse der Wirtschaft. Hier hatte erste, größere Bedeutung für den kleingewerblichen Betrieb, der Leuchtgasmotor. Ohne jedoch über längere Zeit im Betrieb zu sein wurde er durch die Entwicklung des Ottomotors mit Vergaserbetrieb und des Dieselmotors schon früh aus seiner Position verdrängt. Parallel hierzu war, gerade in immer wiederkehrenden Zeiten von Treibstoffknappheit der Sauggasmotor erfolgreich, welcher das Kraftgas aus Gaserzeugern (Generatoren) bezieht. Er war lange in Betrieb, da das aus festen Kraftstoffen gewonnene Kraftgas besonders billig war. Hinzu kam, in Relation zu der Zeit betrachtet, ein guter Wirkungsgrad. „Bei einem Wirkungsgrad des Gaserzeugers von 80% und einem Nutzwirkungsgrad des Motors von 30% ergibt die Anlage einen Gesamtwirkungsgrad von 24%" (Leiker 1953, S.2).

Die nächste Entwicklungsstufe waren Speichergasmotoren, welche ihren Kraftstoff aus Stahlflaschen beziehen in denen das Gas unter Druck gespeichert ist. Auch wenn moderne, mit Flüssiggas (LPG)[11] oder Erdgas (CNG)[12] betrieben Autos als Neuerung erst seit ein paar Jahren auf deutschen Straßen, in Anbetracht der Treibstoffpreise, wieder auftauchen ist die Technik als solche genauso alt wie der Ottomotor selber. Auf Abbildung 6 ist ein

6. Annordnung der Gasflasche im Wagenkasten (1941)

Kleinlastwagen „Tempo" 400 ccm zu erkennen, welcher mit einer Flüssiggasanlage

---

[11] LPG – Liquid Petroleum Gas → Propan, Butan und deren Gemische, die bei Raumtemperatur unter vergleichsweise geringem Druck flüssig bleiben und als Treibstoff für Ottomotoren in Fahrzeugen dienen (vgl. Spausta 1953, S.326f).

[12] CNG - Compressed Natural Gas → In Naturvorkommen, meistens als Begleitgas von Erdöl vorkommend, enthält für gewöhnlich zwischen 80-95% brennbare Kohlenwasserstoffe, in erster Linie Methan.

ausgestattet ist zu erkennen. Dieses Modell stammt aus dem Jahre 1941 wobei die Technik schon in den 30er Jahren entwickelt worden war (vgl. Schmidt 1941, S.2f). Dieses Fahrzeug ist als direkter Vorfahre der modernen PKW mit alternativem Gasmotor zu betrachten. Der Allgemeine Aufbau dieser Flüssiggasanlage entspricht in ihrer Konzeption schon dem modernen PKW im Gas - Betrieb, welchem sich diese Arbeit im nächsten Arbeitsschritt widmen wird. In der Anfangszeit der Fahrzeuggeschichte lagen also gasbetriebene Motoren nicht in dem Maße in ihrer Entwicklung hinter den Benzin- und Diesel-Motoren, wie es später der Fall war bzw. sich bis in die jüngste Vergangenheit fortgesetzt hat.

7. Autogas LPG

Mit den bis hier gelieferten Hintergründen soll nun der Alternativkraftstoff Autogas und der Betrieb von Autogasanlagen in modernen PKW beschrieben werden. Die folgende Betrachtung befasst sich in Ansätzen mit der Frage was Autogas ist, dem Aufbau und Funktion von Autogasanlagen, sowie einer Unterscheidung der modernen Autogasanlagen.

7.1 Was ist Flüssiggas

Wie bereits in Abschnitt fünf angerissen, handelt es sich bei den, für den PKW Betrieb hauptsächlich genutzten Gasen, um C_3- und C_4-Kohlenwasserstoffe sowie deren Gemische. Diese fallen als Naturprodukte an und werden zudem als Synthesegase gewonnen. Wie bereits erwähnt, liegt der große Vorteil dieser Gase darin, dass sie bereits im Bereich positiver Temperaturen, unter geringer Druckeinwirkung, verflüssigen. So verflüssigt sich Propan, einer der Hauptbetriebsstoffe von LPG-Anlagen, schon bei einem Druck von 1,013 bar und +/- 0°C. Hierbei verringert sich das Volumen des Gases auf 1/250 des Ausgangsvolumens (vgl. Kasedorf 1983, S.12). Dies stellt einen der wesentlichen Gründe für den wirtschaftlichen Transport und Einsatz des Flüssiggases[13] dar. In Bezug auf ökologische Gesichtspunkt kommt besonders zum tragen, dass bei der Gewinnung von Flüssiggas relativ leicht die Kohlenwasserstoffverbindungen von Verunreinigungen getrennt werden können. Hierdurch wird Flüssiggas zu einem der reinsten technischen Energieträgern im Bereich der C-Energieträger, so dass, bei der späteren Verbrennung, die Schadstoffemission, auch weil Autogas ein besonders gutes Gemisch mit Luft bildet und somit sauberer verbrennt, deutlich geringer als bei Benzinbetrieb ausfällt. Zudem ist Autogas völlig frei von Blei- und Schwefelverbindungen (vgl. Bosch 2003, S.33).

---

[13] „Da Flüssiggas mit hoher Energiedichte in flüssigem Zustand gelagert und transportiert wird, üblicherweise aber seine Verwendung in gasförmigen Zustand findet, trägt es die sonst widersinnige Wortkombination „Flüssiggas" zu Recht. Die Umwandlung in den gasförmigen Aggregatzustand erfolgt durch Druckentlastung, beispielsweise bei Entnahme aus dem Gasbehälter" (Kasedorf 1983, S.13).

In der Regel ist an europäischen Gas-Tankstellen ein Propan-Butan-Gemisch (LPG) für den Betrieb der LPG-Anlagen zu tanken, welches einen gemittelten Energiegehalt von 12,7 kWh je kg und damit einen Heizwert von ca. 11 000 kcal je kg hat. Die Zusammensetzung und damit der Heizwert, variiert prozentual nach den einzelnen Ländern von Mischungen die Überwiegend aus Propan (Deutschland) bestehen sowie solchen Mischungen, bei denen 30% Propan und 70% Butan enthalten sind (Niederlande). Moderne Benzine erreichen, im Vergleich hierzu, Heizwerte von 10 350 – 10 500 kcal je kg, womit sich Gas als durchaus ebenbürtig qualifiziert (vgl. Löhner 1963, S.65).

Die Herstellung bzw. Gewinnung von Gasen, welche zum Betrieb eines Fahrzeuges geeignet sind, ist so vielfältig wie unterschiedlich. Auch Flüssiggas ist ein fossiler Energieträger, der ähnlich dem Erdöl, durch tierische und pflanzliche Ablagerungen auf den Meeresböden vor Millionen von Jahren, unter Einwirkung von Sonnenenergie und Druck, entstanden ist. Hauptrohstoff für die Gasgewinnung sind das bekannte Rohöl, noch vorhandene Erdgasvorkommen und auch Kohle aus welchem in einem bestimmten Verfahren Gas gewonnen wird. Die zwei Hauptlieferquellen für Flüssiggas sind zum einen die Raffinerieerzeugung des Gases sowie die Gewinnung über Gasaufbereitungsanlagen. Von den wichtigsten Gewinnungsvorgängen sollen hier genannt sein: die Flüssiggasgewinnung bei der Rohölförderung, bei der atmosphärischen Destillation von Erdöl, bei Crackprozessen, bei Hydrocracken, bei der Reformierung von Rohbenzinen, als Koppelprodukt bei der Kohleverflüssigung oder auch bei der Abspaltung von kohlenwasserstoffreichen Erdgasen[14] (vgl. Kasedorf 1983, S.20f).

7.2 Aufbau und Funktion einer Autogasanlage

Die bis zu diesem Punkt veranschaulichte Sachlage gibt einen groben Eindruck davon, wie umfangreich das Thema Motorentechnik ist. An dieser Stelle soll nun von der theoretischen Seite Abstand genommen werden und die rein technische Seite, also Aufbau und Funktion einer Autogasanlage beschrieben werden.

Es wird Grundsätzlich zwischen sequenziellen Anlagen, Venturianlagen sowie LPI-Anlagen unterschieden. Alle drei Anlagentypen sollen im weiteren Verlauf beschrieben werden, auch wenn die grundsätzliche Konstruktion ähnlich ist. Aus technischer Sicht sind je nach Fahrzeug und Leistung bestimmte Anlagentypen vorzuziehen. Da von den Autoherstellern selbst keine Empfehlungen ausgesprochen werden, sind es im weitesten Sinne Erfahrungswerte der einzelnen Hersteller von Autogasanlagen sowie der umrüstenden

---

[14] An dieser Stelle sollen nur einige Methoden genannt werden ohne diese weiter auszuführen, einschlägige Literatur zu den einzelnen Methoden gibt hierzu Aufschluss.

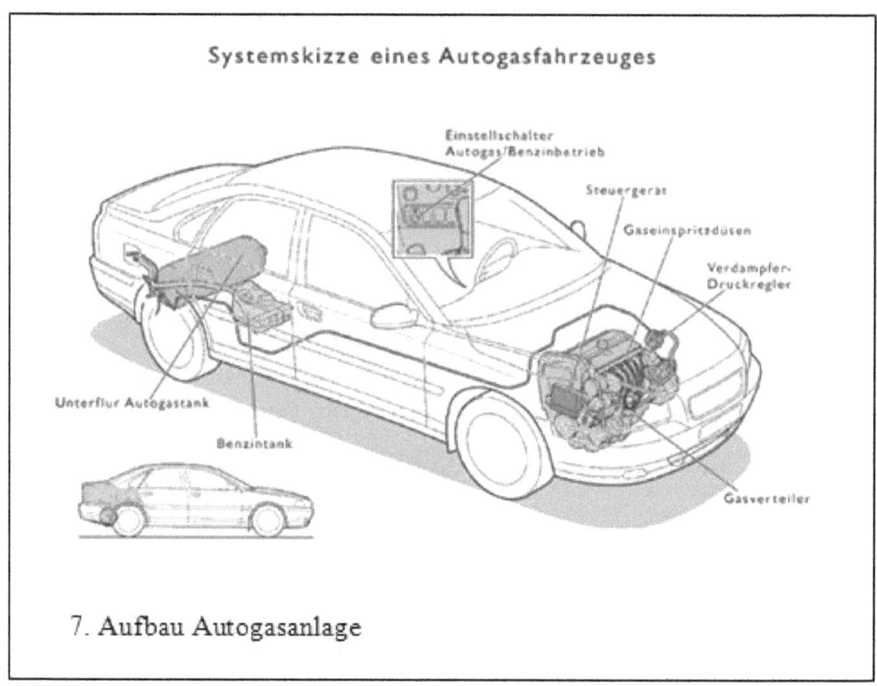

7. Aufbau Autogasanlage

Betriebe, welche die Entscheidung für einen Anlagentyp beeinflussen (vgl. Kröning 2008, Technik von Autogasfahrzeugen).

Mittlerweile kann fast jedes Fahrzeug, welches nach dem Otto Prinzip funktioniert in einem unkomplizierten Verfahren umgerüstet werden. Die Kosten für einen solchen Umbau belaufen sich, je nach Modell und Typ, zwischen 1500 bis 3500 €.[15] Grundsätzlich unterscheiden sich die verschiedenen Anlagen am Markt kaum. So verfügt eine Autogasanlage im Allgemeinen über einen Autogastank[16], einen Verdampfer-Druckregler, einem Steuer- oder Mischgerät, diversen Absperrventilen, dem Kraftstoffartwählschalter mit Tankanzeige, dem Autogasleitungssystem sowic cinem Düsensystem um das Gas einzuspritzen. Hinzu kommen noch diverse Zubehörteile die aber als Kleinmaterial nicht weiter aufgeschlüsselt werden sollen. Die wesentlichen Elemente sind in Abbildung 7 dargestellt (Venturianlage). Die bereits angesprochenen Anlagentypen sind grundsätzlich alle nach diesem Prinzip aufgebaut.

---

[15] Mit etwas Recherche im Internet stellt man sehr schnell fest, wie stark sich momentan die Automobilbranche auf alternative Antriebsstoffe ausrichtet. So bietet mittlerweile ein Großteil der Automobilwerkstätten den Umbau zu LPG- oder CNG- Betrieb für fast alle Fahrzeugtypen an.

[16] Die Reichweite eines auf Autogas umgerüsteten Fahrzeugs im Gasbetrieb beträgt je nach Tankgröße und Leistung des Motors zwischen 350 bis 1000 km. Während Radmuldentanks nur etwa 50l LPG fassen, können Kofferraum oder Unterbodentanks bis zur doppelten Menge und mehr fassen.

Die Verdampferanlagen, sequenzielle Anlagen und Venturianlagen haben gemeinsam, dass flüssiges Autogas erst in den Motorraum geleitet wird und dann dem Motor gasförmig über einen Druckregler und Verdampfer zugeführt wird. Da nun das Autogas beim Verdampfen stark abkühlt, was zu einer Vereisung des Verdampfers führen könnte, wird dieser mit Kühlwasser beheizt. Aus diesem Grunde arbeiten moderne Autogasanlagen auch erst ab einer gewissen Temperatur des Kühlwassers. Anders arbeiten die moderneren LPI- Anlagen (Liquid Propane Injection). Sie fördern mittels einer Kraftstoffpumpe das Gas in immer noch verflüssigter Form und unter Druck in eine so genannte Ringleitung. Durch spezielle Dosierventile wird es dann direkt in den Ansaugtrakt gespritzt. Es entfällt somit die Beheizung des Verdampfers und außerdem kommt es, durch die bei der Verdunstung benötigte Wärme im Ansaugtrakt zu einer Kühlung, was eine geringfügige Leistungssteigerung im Vergleich zu Venturi- und Sequenziellen Anlagen bedeutet (vgl. Kröning 2008, Technik von Autogasfahrzeugen).

7.2.1 Venturitechnik

Die Venturitechnik ist die älteste und im Vergleich preiswerteste Anlagentechnik. Sie ist noch am ehesten mit der Konstruktionsweise des „Tempo" 400 ccm im Gasbetrieb, siehe Kapitel 6, zu vergleichen. Hier wird ein unterdruckgesteuertes Dosierventil in den Ansaugstutzen montiert, welches das Autogas so, durch den atmosphärischen Unterdruck gesteuert, dosiert. Je nach System ist durch eine technische Verengung des Ansaugquerschnitts mit leichtem Mehrverbrauch und leichtem Leistungsverlust zu rechnen. Als größtes Problem dieses Anlagentyps wird das Phänomen der Rückverbrennung im Ansaugtrakt gehandelt. Dieser, als „Backfire" bekannte Vorgang kann durch einen Fehler der Zündanlage ausgelöst werden und verursacht eine Verpuffung des bei dieser Technik ständig im Ansaugtrakt vorhanden Autogases. Schäden werden bei gängigen Venturianlagen durch Überdruckventile, welche in den Ansaugstutzen oder in den Luftfilterkasten verbaut werden jedoch verhindert.
 Die Venturitechnik ist bis zur Abgasnorm Euro 2 ohne Verlust einer Steuerklasse geeignet (vgl. Kröning 2008, Venturitechnik).

7.2.2 Sequenzielle Autogasanlagen

Im Unterschied zu den unterdruckgesteuerten Ventilen der Venturitechnik verwenden teilsequenzielle Anlagen ein präziseres elektronisch gesteuertes Dosierventil. Mittels eines sternförmigen Gasverteilers wird das Autogas nach der Verdampfung direkt in die Ansaugstutzen der einzelnen Zylinder geleitet. Somit findet keine Querschnittsverengung im Ansaugtrakt statt und damit entfallen das Backfire-Problem sowie Leistungsverluste welche mit einer Verengung des Ansaugtraktes zusammen hängen. Häufig verfügen teilsequenzielle Anlagen über einen eigenen programmierbaren Kennfeldgeber[17] für den Autogasbetrieb, was diese Anlagentechnik auch für ältere Automobile bis zur Schadstoffnorm Euro 3 geeignet macht.

Als weiteste Entwicklung und neuester Stand der Verdampferanlagen werden vollsequenzielle Autogasanlagen gehandelt. Dieser Anlagentyp verfügt für jeden Zylinder über ein eigenes, elektronisch gesteuertes Dosierventil. Dabei wird das im Bordcomputer abgelegte Einspritzkennfeld für Benzin äquivalent für Autogas umgerechnet und ein autonomer Kennfeldrechner entfällt somit. Die Umrüstung und Programmierung sind im Vergleich nicht wesentlich aufwendiger haben jedoch als Voraussetzung, dass eine sequenzielle oder gruppensequenzielle Benzineinspritzung des umzurüstenden Fahrzeuges vorhanden ist. Mit dieser Technik ist eine Schadstoffnorm von Euro 3 bis 4 zu erreichen bzw. zu halten (vgl. Kröner 2008, Sequenzielle Autogasanlagen).

7.2.3 Liquid Propane Injection – Autogasanlagen

Die neueste Generation der Autogassysteme stellt die sequenzielle Gaseinspritzung in flüssiger Form bei den so genannten LPI – Anlagen dar. Dieses System wurde bereits Anfang der 90er Jahre vorgestellt, der Erfolg blieb aber wegen technischer Komplikationen lange aus. Hinzu kommt das LPI - Anlagen im Vergleich zu Verdampfungsanlagen relativ teuer sind. Außerdem wurde durch die spezielle Bauart der Anlagen durch eine weitere Autogaspumpe Geräusche erzeugt, welche in den Entwicklungsanfängen noch sehr laut waren. Bei diesem System wird, wie zu Anfang des Abschnittes bereits angesprochen, das Gas flüssig, über eine Ringleitung, in den Motor eingespritzt. Der große Vorteil der LPI Anlagen, so die Hersteller, sei eine Brennraumkühlung und durch die Einspritzung eine Beibehaltung der ursprünglichen Eigenschaften des Motors, also das Wegfallen eines Leistungsverlustes (vgl. Vialle 2007, Home). Durch die recht junge Entwicklung sind allerdings kaum Erfahrungswerte in der

---

[17] Kennfeld – Kennfelder werden sowohl zur Dokumentation als auch zur elektronischen Steuerung der Betriebsparameter wie Zündzeitpunkt, Einspritzzeitpunkt oder Kraftstoff-Luft-Verhältnis genutzt. Für den Betrieb mit Gas kommen andere Parameter zum tragen als bei dem Betrieb mit Benzin, wonach andere, gespeicherte Kennfelder zur Steuerung aktiv sind.

Literatur oder dem Internet mit einem eindeutigen Trend auszumachen. Die positiven als auch negativen Beiträge zur LPI Technik halten sich die Waage.

8. Fazit – Ökologische/Ökonomische Betrachtung

Aus rein ethischen Gesichtspunkten sollte die ökologische vor der ökonomischen Bewertung stattfinden, die Entwicklungsgeschichte der Motorentechnik und auch des heutigen Entwicklungsalltags zeigt jedoch, dass ökonomische Gesichtspunkte den größeren Teil der Gewichtung bei der Wahl für oder gegen eine technische Veränderung oder Neuerung bilden. Um nun eine Autogasanlage, unabhängig vom System, zu bewerten sei einmal ganz nüchtern gerechnet: Bei einem Mittelklassewagen mit einem Normalverbrauch von 8 Litern Benzin auf 100km und einer Jahreslaufleistung von 25000km betragen die Kosten für Benzin, bei einem Durchschnittspreis von 1,42€/l, im Jahr 2840,00€. Daneben sei die Rechnung für die Anschaffung und den Betrieb mit einer Autogasanlage gestellt: Die Kosten für den Einbau sollen gemittelt 2000€ betragen und der Preis für LPG bei 0,71€ liegen. Damit würde der Betrieb mit Autogas im Jahr, bei einem Mehrverbrauch von 15% durch den Betrieb mit Autogas, also 10,4l/100km, bei 1863,75€ liegen. Das bedeutet einen Unterschied von 976,25€ zum Betrieb mit Benzin, wonach sich der Einbau der Anlage nach etwas über zwei Jahren Amortisiert hätte. Die Rechnung lässt sich beliebig verändern zeigt aber recht deutlich den einzigen, ökonomisch zulässigen Befund: Der Betrieb mit Autogas ist, mit Blick auf die Laufzeiten moderner Autos, günstiger. Aber auch die ökologische Bilanz ist positiv. So emittiert ein Autogas– Fahrzeug rund 18% weniger CO_2 als mit Benzin oder Diesel betriebene Fahrzeuge. Hinzu kommt, dass Schadstoffe wie Schwefeldioxid, Ruß und andere luftverunreinigende Partikel praktisch nicht auftreten. Des Weiteren wird der Ausstoß von gesundheitsschädlichen Abgasbestandteilen wie Benzol, Aldehyden und polyzyklischen aromatischen Kohlenwasserstoffen (PAK) deutlich herabgesetzt (vgl. Deutscher Verband Flüssiggas e.V. 2008, Umweltvorteile).

Zwar kann das autogasbetriebene Fahrzeug auch nur eine Stufe auf dem Weg zu kostengünstigen und ökologisch ausgeglichenen Fahrzeugen sein, aber auf dem jetzigen Stand stellt es eine nicht zu vernachlässigende Alternative dar.

9. Literaturverzeichnis

Chimie Générale - Campus Virtuel Suisse (CVS) (o.V. 2005): Chemie und Materie – Online Lernmodul, Online im Internet: AVL: URL: < http://chimge.unil.ch/De/mat/1mat11.htm> (Stand 2005, Abruf 07.10.2008)

Kasedorf, Jürgen (1983): Autogasanlagen – Einbau und Reperatur, 1.Auflage, Würzburg

Löhner, Kurt (1963): Die Brennkraftmaschine – Innenvorgänge und Gestaltung, 2. Auflage, Düsseldorf

Microsoft Encarta 2006 (o.V., 2005): Enzyklopädie

Oehler, Ernst (1965): Verbrennungsmotoren – Grundlagen, Konstruktion und Berechnung, 2. Auflage, Essen

Robert Bosch GmbH (Hrsg, o.V., 2003): Ottomotor Managment, 2. Auflage, Braunschweig/Wiesbaden

Spausta, Franz (1953): Treibstoffe für Verbrennungsmotoren – Eigenschaften und Untersuchungen der flüssigen Treibstoffe - Die gasförmigen Treibstoffe, 2. Auflage, Wien

van Basshuysen, Richard; Schäfer, Fred (Hrsg., 2004): Lexikon Motorentechnik – Der Verbrennungsmotor von A – Z, 1. Auflage, Wiesbaden

Zacharias, Friedemann (2001): Gasmotoren, 1.Auflage, Würzburg

10. Quellenverzeichnis

Kröning, Sebastian (2008): Autogas-Umrüstungen.de - Technik von Autogasfahrzeugen, Online im Internet: AVL: URL: < http://www.autogas-umruestungen.de/technik-autogas.html> (Stand 2008, Abruf 14.10.2008)

Schmidt, Ulrich (1941): Deutsche Kraftfahrtforschung im Auftrag des Reichs-Verkehrsministeriums – Der Betrieb gemisch-gespülter Zweitaktmotoren mit Flüssiggas,1.Auflage, Berlin

Vialle Alternative Fuel Systems (o.V., 2007): Internetpräsenz, Online im Internet: AVL: URL: <http://www.vialle.nl/home.html?L=3> (Stand 2007, Abruf 15.10.2008)

Deutscher Verband Flüssiggas e.V. (o.V., 2008): Autogas, Online im Internet: AVL: URL: < http://www.autogastanken.de/de/index.html> (Stand 2008, Abruf 15.10.2008)

11. Abbildungsverzeichnis

1. *Pulvermaschine*: ThinkQuest Team (2000): start your engines – Huygen's Explosionsmaschine, Online im Internet: AVL: URL: <http://library.thinkquest.org/C006011/german/sites/huygens.php3?f=2&b=50&j=1&v=0> (Stand: 2000, Abruf: 29.09.08)

2. *Lenoir Motor:* Abbildung 2.4 in: Zacharias, Friedemann (2001): Gasmotoren, 1. Auflage, Würzburg

3. *Ottoscher Flugkolbenmotor:* Abbildung 4 in: Oehler, Ernst (1965): Verbrennungsmotoren – Grundlagen, Konstruktion und Berechnung, 2. Auflage, Essen

4. *Schema eines Arbeitsspiels 4 Takt:* Abbildung 1, S.17 in: Robert Bosch GmbH (Hrsg, o.V., 2003): Ottomotor Managment, 2. Auflage, Braunschweig/Wiesbaden

5. *p-V-Diagramm:* Abbildung 2, S.25 in: Robert Bosch GmbH (Hrsg, o.V., 2003): Ottomotor Managment, 2. Auflage, Braunschweig/Wiesbaden

6. *Annordnung der Gasflasche im Wagenkasten:* Abbildung 3, S.3 in: Schmidt, Ulrich (1941): Deutsche Kraftfahrtforschung im Auftrag des Reichs-Verkehrsministeriums – Der Betrieb gemisch-gespülter Zweitaktmotoren mit Flüssiggas,1.Auflage, Berlin

7. *Aufbau Autogasanlage:* Autohaus Niendorf Belling (2008): Autogasinfos – Systemskizze eines Autogasfahrzeuges, Online im Internet: AVL: URL: <http://www.autohaus-belling.de/autogasinfo/body_autogasinfo.html> (Stand 2008, Abruf: 14.10.2008)